BEI GRIN MACHT SICH IHR WISSEN BEZAHLT

AF141675

- Wir veröffentlichen Ihre Hausarbeit,
  Bachelor- und Masterarbeit

- Ihr eigenes eBook und Buch -
  weltweit in allen wichtigen Shops

- Verdienen Sie an jedem Verkauf

**Jetzt bei www.GRIN.com hochladen
und kostenlos publizieren**

GRIN

Bibliografische Information der Deutschen Nationalbibliothek:

Die Deutsche Bibliothek verzeichnet diese Publikation in der Deutschen National-
bibliografie; detaillierte bibliografische Daten sind im Internet über http://dnb.d-
nb.de/ abrufbar.

Impressum:

Copyright © 2014 GRIN Verlag
Druck und Bindung: Books on Demand GmbH, Norderstedt Germany
ISBN: 9783656968696

Dieses Buch bei GRIN:

https://www.grin.com/document/287116

Mats-Henning Hoppe

Einstellungsunterschiede zwischen Eltern und kinderlosen Menschen

GRIN Verlag

GRIN - Your knowledge has value

Der GRIN Verlag publiziert seit 1998 wissenschaftliche Arbeiten von Studenten, Hochschullehrern und anderen Akademikern als eBook und gedrucktes Buch. Die Verlagswebsite www.grin.com ist die ideale Plattform zur Veröffentlichung von Hausarbeiten, Abschlussarbeiten, wissenschaftlichen Aufsätzen, Dissertationen und Fachbüchern.

Besuchen Sie uns im Internet:

http://www.grin.com/

http://www.facebook.com/grincom

http://www.twitter.com/grin_com

Unterschiede in der Einstellung von Eltern und kinderlosen Menschen

Hausarbeit zu Forschungsmethoden und Statistik

Mats-Henning Hoppe
Europäische Fernhochschule Hamburg

Zusammenfassung/Abstract

Die vorliegende Hausarbeit soll eventuelle Einstellungsunterschiede zwischen Menschen ohne Kindern und Eltern untersuchen. Im Vorfeld soll der Begriff „Einstellung" zunächst näher erläutert werden und anschließend die Einstellungsmerkmale: „*Verantwortungsbewusstsein*", „*Zukunftsangst*", "*Zufriedenheit mit der privaten Lebenssituation* „ und „*Hygienebewusstsein*" untersucht werden. Als Eltern werden alle Personen betrachtet, die einmal Mutter oder Vater waren, unabhängig davon ob die Kinder bereits ausgezogen sind oder in getrennten Verhältnissen leben.

Zur Erhebung der notwendigen Daten wurde ein Fragebogen erstellt, auf dem die Teilnehmer auf einer fünfstufigen Likert-Skala ihre persönliche Einschätzung zu den oben genannten Einstellungen machen sollen. Die Untersuchungsteilnehmer wurden unabhängig voneinander befragt und anschließend in zwei Gruppen mit je 20 Personen verteilt.

Bei der abschließenden Auswertung der erhobenen Daten wurde festgestellt, dass es bei den 40 ausgewerteten Teilnehmern keine Unterschiede zwischen den beiden Gruppen der Eltern und kinderlosen Menschen hinsichtlich ihrer Einstellung gab. Kritisch anzumerken ist außerdem, dass das Ergebnis der Umfrage nicht auf eine größere Population zu verallgemeinern ist, da es eine zu kleine Stichprobe aufweist und das Ergebnis nur im Rahmen dieser Hausarbeit zu betrachten ist.

Inhaltsverzeichnis

Abbildungsverzeichnis

1. Einführung und Hypothesen
1.1. Einführung

Jeden Tag wird unser Verhalten durch unsere Einstellung beeinflusst. Sei es die tägliche Dusche, beeinflusst durch unser Hygienebewusstsein oder der Einkauf gesunder Lebensmittel, der durch unsere Einstellung zu einer gesunden Ernährung motiviert ist. Tagtäglich beeinflusst unsere Einstellung also wie wir handeln. Das wiederum führt dazu, dass unser Umfeld versucht diese Einstellung zu bekräftigen, verändern oder gar manipulieren. Die Wirtschaft, Politik, Medien, Familie, Freunde und Kollegen, sie alle haben ein Interesse daran unsere Einstellung zu beeinflussen und damit indirekt Einfluss auf unser Verhalten zu nehmen. Doch ist das überhaupt möglich? Lässt sich durch die Einstellung das Verhalten eines Menschen vorhersagen und sogar beeinflussen? Was ist Einstellung überhaupt und wie entsteht sie?

1.1.1. Definition von Einstellung

Myers „Psychologie" definiert den Begriff Einstellung wie folgt: *„Einstellung sind Gefühle, die auf unseren Überzeugungen beruhen und uns dazu prädisponieren, gegenüber Dingen, Menschen und Ereignissen in einer bestimmten Weise zu reagieren."* (2008, S.639, Myers „Psychologie")

Zu beachten ist jedoch, dass es keine allgemein gültige Definition des Begriffs „Einstellung" gibt. Im Folgenden soll dies jedoch als Grundlage dienen.

1.1.2. Entstehung von Einstellung

Basieren auf dem ABC Model of attitudes (ABC Model der Einstellung) besteht Einstellung aus drei Komponenten. (Augoustinos, Walker, Donaghue, 2006 S.114) Diese drei Komponenten sind hauptsächlich für die Entstehung von Einstellung verantwortlich.

Das ABC-Modell beschreibt folgende Komponenten:

- „**affect (A)**" (Emotionskomponente) Diese Komponente entsteht hauptsächlich durch Konditionierung nach Pavlow (1927) (Myers, 2008, S.343)
- „**behavior (B)**" (Verhaltenskomponente) Diese Komponente entsteht durch das unbewusste Beobachten des eigenen Verhaltens gegenüber dem Einstellungsobjekt
- „**cognition (C)**" (Überzeugungskomponente) Diese Komponente entsteht durch das bewusste Nachdenken. Also z.B. das Abwägen von Vor- und Nachteilen und deren Einfluss auf die Einstellung.

4

1.1.3. Einstellung und Handlungen

Wie schon in 1.1.2 beschrieben, versuchen viele gesellschaftliche Gruppen Einfluss auf die Einstellung von Menschen zu nehmen um damit letztlich Einfluss auf deren Verhalten zu nehmen. Vor allem für die Wirtschaft und Politik wäre das ein äußerst lukratives Vorhaben, man denke dabei an Verkaufsförderung durch spezielle Werbung oder politischen Wahlkampf. Doch lässt sich das Verhalten aufgrund von Einstellung vorhersagen? Beeinflusst Einstellung wirklich unser Verhalten?

Laut Myers ist das zumindest Teilweise zu einem bestimmten Teil möglich. „*Anhand unserer Einstellung kann man unser Verhalten nur unvollkommen vorhersagen, weil auch andere Faktoren (u.a. die äußere Situation) das Verhalten beeinflussen. Starker sozialer Druck kann die Verbindung zwischen Einstellung und Verhalten schwächer werden lassen (Wallace et al. 2005)*" *(Myers, 2008, S.640)*. Dennoch wir unser Verhalten teilweise durch Einstellung beeinflusst. Vor allem dann, wenn andere äußere Einflüsse sehr gering sind, die Einstellung speziell auf das Verhalten abzielt und wenn wir uns unserer Einstellung deutlich bewusst sind. (Myers, 2008, S.640).

Auf der anderen Seite werden nicht nur Handlungen durch Einstellungen beeinflusst sondern auch umgekehrt. Dieses Phänomen wird als Foot-in-the-Door-Technik bezeichnet. Dieses Phänomen beschreibt die Neigung von Menschen, die zunächst einer bescheidenen Forderung zugestimmt haben, später auch einer weiter gehenden Forderung zuzustimmen. (Myers, 2008, S.640)

Dieses Phänomen zeigt wie manipulierbar unsere Einstellung sein kann und welchen Einfluss sie damit auf unser Verhalten haben kann. Allerdings ist auch zu anzumerken, dass dieses Phänomen auch für positive Situationen genutzt werden kann, z.B. für Spenden oder karitative Zwecke.

Nicht selten kommt es vor, dass Menschen auch gegen ihre Überzeugungen handeln müssen. In solchen Situationen kommt es zu einem unangenehmen Gefühl der Spannung, da unsere bewusste Einstellung unserer Handlung widerspricht. Dieses unangenehme Spannungsgefühl bezeichnet man als kognitive Dissonanz. Nach Leon Festinger besagt die Theorie der kognitiven Dissonanz, dass wir aufgrund unseres Harmoniestrebens, versuchen unsere Einstellung in Einklang mit der Handlung bringen. Dadurch soll das unangenehme Spannungsgefühl verringert werden. Das führt dazu, dass sich unsere Einstellung der (ursprünglich falschen) Handlung angleicht.

Ein weiterer Faktor der die Einstellung von Menschen beeinflusst, ist die Rolle, die sie in der Gesellschaft einnehmen. Eines der bekanntesten Beispiele für den Einfluss von Rollen auf der Verhalten ist die Laborstudie (1971) *„Standford Prison Experiment"* des Psychologen Philip Zimbardo. Bei diesem Versuch wurden 20 Studenten per Zufallsprinzip in Gefängniswärter und Gefangen eingeteilt und sollten unter Leitung eines Psychologen zwei Wochen in einem Gefängnis verbringen. Ihrer Rolle entsprechend waren die Wärter mit Uniformen, Knüppel und Pfeife ausgestattet und sollten gewisse Regeln durchsetzten. Bereits nach wenigen Tagen zeigten einige Wärter sadistische Verhaltensweisen, worauf Gefangene rebellierten, zusammenbrachen oder resignierten. Nach nur sechs Tagen wurde das Experiment abgebrochen. Eine ähnliche Situation gab es unter realen Bedingungen auch in der Neuzeit. 2004 wurden durch Fotos die Misshandlungen im US-Militärgefängnis Abu Ghraib bekannt und gingen um die Welt.

Nichtsdestotrotz zeigen diese Beispiele wie sehr auch die Rolle eines Menschen seine Einstellung und damit letztlich sein Verhalten beeinflusst. Welche Zwecke könnte ein Unternehmen jetzt aus diesen Erkenntnissen ziehen? Denkbar wäre die Fragestellung inwiefern sich die Einstellung zwischen zwei Gruppen unterscheidet, die jeweils verschiedenen Rollen einnehmen. Vor allem in Hinblick auf Kundengruppenspezifische Werbung oder ähnliches.

Im Zuge der vorliegenden Hausarbeit werden diese Unterschiede bei den Gruppe „Eltern" und „kinderlose Menschen" untersucht. Außerdem soll untersucht werden, ob es einen Zusammenhang zwischen der Gruppenzugehörigkeit und dem Geschlecht, sowie der Gruppenzugehörigkeit und dem Alter gibt.

1.2. Hypothesen

Die Forschungsarbeit soll eventuelle Unterschiede in der Einstellung der Gruppen „Eltern" und „kinderlose Menschen" aufdecken. Die zu untersuchenden Kriterien, in denen es zu möglichen Unterschieden kommen könnten sind folgende:

- Einstellung in Bezug auf Verantwortungsbewusstsein.
- Einstellung in Bezug auf Zukunftsängste
- Einstellung in Bezug auf die Zufriedenheit mit der privaten Lebenssituation.
- .Einstellung in Bezug auf Hygienebewusstsein.

Für diese Forschungsarbeit werden folgende Unterschieds- und Zusammenhangsypothesen aufgestellt:

Unterschiedshypothesen:

Mit folgenden Hypothesen soll untersucht werden, ob es Unterschiede in der Einstellung zu den o.g. Kriterien bei Eltern und kinderlosen Menschen gibt.

Nullhypothese (H0):

1. Es gibt keinen Unterschied zwischen Eltern und kinderlosen Menschen im Bezug auf deren Einstellung zu Verantwortungsbewusstsein.
2. Es gibt keinen Unterschied zwischen Eltern und kinderlosen Menschen im Bezug auf Zukunftsängste.
3. Es gibt keinen Unterschied zwischen Eltern und kinderlosen Menschen im Bezug auf die Zufriedenheit mit der privaten Lebenssituation.
4. Es gibt keinen Unterschied zwischen Eltern und kinderlosen Menschen im Bezug auf Hygienebewusstsein.

Alternativhypothese (H1):

1. Es gibt einen Unterschied zwischen Eltern und kinderlosen Menschen im Bezug auf deren Einstellung zu Verantwortungsbewusstsein.

7

2. Es gibt einen Unterschied zwischen Eltern und kinderlosen Menschen im Bezug auf deren Einstellung zu Zukunftsängsten.

3. Es gibt einen Unterschied zwischen Eltern und kinderlosen Menschen im Bezug auf deren Einstellung zu deren Zufriedenheit mit der privaten Lebenssituation.

4. Es gibt einen Unterschied zwischen Eltern und kinderlosen Menschen im Bezug auf deren Einstellung zu Hygienebewusstsein.

Zusammenhangshypothesen:

An diesen Hypothesen soll untersucht werden ob es einen Zusammenhang zwischen Gruppenzugehörigkeit und Alter, sowie zwischen Gruppenzugehörigkeit und Geschlecht gibt.

Nullhypothese (H0):

1. Es gibt keinen Zusammenhang zwischen Gruppenzugehörigkeit und Geschlecht.
2. Es gibt keinen Zusammenhang zwischen Gruppenzugehörigkeit und Alter.

Alternativhypothese (H1):

1. Es gibt einen Zusammenhang zwischen Gruppenzugehörigkeit und Geschlecht.
2. Es gibt einen Zusammenhang zwischen Gruppenzugehörigkeit und Alter.

2. Methoden:

Die Untersuchung innerhalb dieser Forschungsarbeit wurde im Between-subjects-Design entworfen und ist rein korrelativ. Ziel der Untersuchung ist der Vergleich und die Untersuchung der Teilnehmer auf die vier Kriterien (genannt in 1.2.).

Zur Untersuchung der Gruppen wurde ein standardisierter Fragebogen erstellt, welcher ohne Hilfe des Erstellers auszufüllen war. Dieses vorgehen soll die Untersuchung objektiv machen und dem Versuchsleitereffekt vorbeugen. Somit war es dem Versuchsleiter nicht möglich Einfluss (bewusst oder unbewusst) auf die Teilnehmer zu nehmen.
Zur Untersuchung der in 1.2. genannten Kriterien (Verantwortungsbewusstsein, Zukunftsängste, Zufriedenheit mit der privaten Lebenssituation, Hygienebewusstsein) wurden

zu jeder Variable fünf Items erstellt. Die insgesamt 20 Items wurden per Zufallsprinzip gemischt und als Fragebogen an die Teilnehmer ausgehändigt.

Um die Verständlichkeit der Items zu prüfen wurden sie von 4 unabhängigen Testpersonen kontrolliert. Die Testpersonen brauchten keine Hilfestellung bei der Beantwortung der Items, weshalb man die Items als leicht verständlich beschreiben kann.

Alle Items waren „Ich-Aussagen", die die Teilnehmer auf einer fünfstufigen Likert-Skala, basierend auf ihren eigenen Erfahrungen, bestätigen oder ablehnen sollten. Es wurden nur positive Items erstellt. Dabei war die Skala bei wie folgt aufgebaut:

1. trifft überhaupt nicht zu   (niedrigster Wert)
2. trifft eher nicht zu
3. teils/teils   (neutraler Wert / Mittelpunkt)
4. trifft eher zu
5. trifft voll und ganz zu   (höchster Wert)

Für alle vier Variablen wurde der Gesamtwert aus den fünf Antwortmöglichkeiten als arithmetisches Mittel (Index) gebildet. Unter der Voraussetzung, dass alle Teilnehmer die Intervalle zwischen den einzelnen Skalenwerten (1-5) gleich groß einordnen, wird davon ausgegangen, dass die gewonnen Daten Intervallskalen-Qualität liefern. Weiterhin fand keine weitere Überprüfung der Items aus Validität oder Konsistenz statt.

Zusätzlich zu den 20 Items wird der Fragebogen noch um die Pflichtangaben „Alter", „Geschlecht" und „leibliche Kinder" erweitert. Dies dient zur besseren Differenzierung zwischen den Teilnehmern. Die Frage nach dem Alter musste mit einem absoluten Wert beantwortet werden, wodurch eine bessere Berechnung des Mittelwerts ermöglich wurde. Im Gegensatz zu der Frage nach dem Alter liegen die Fragen nach Geschlecht und Kinder nicht auf dem Intervallskalenniveau sondern auf einem Nominalskalenniveau. Hier hat Weiblich den Wert „1", Männlich den Wert „2", Kinder den Wert „1" und Kinderlos den Wert „2".

Alle Fragen waren als Pflichtfragen konstruiert, wodurch alle Fragebögen vollständig ausgefüllt werden mussten. Unvollständige Fragebögen wurden bei der weiteren Forschungsarbeit ausgeschlossen.

Die Umfrage wurde mit Hilfe des Online Umfragetools Q-set (www.q-set.de) erstellt und stand vom 06.12.2014 bis 19.12.2014 online zur Verfügung. Durch einen Internetlink wurde der Zugang zu der Umfrage ermöglicht. Verteilt wurde der Link im Familien- und Freundeskreis, sowie unter Kommilitonen und Arbeitskollegen. Die Einladung zur Befragung erfolgte per Email sowie per Veröffentlichung des Links in „privaten bzw. geschlossenen" Gruppen in diversen sozialen Netzwerken. Aus diesem Grund ist sichergestellt, dass die Stichprobe aus verschiedenen Gruppen erstellt wurde und einen zufällige Zusammensetzung hat.

Insgesamt nahmen 55 Personen an der Umfrage teil. Davon waren 21 Eltern und 34 kinderlose. Untersucht wurden jeweils 20 Eltern und 20 Teilnehmer ohne Kinder, welche per Zufallsprinzip ausgewählt wurden.

3. Ergebnisse
3.1. Grundsätzliche Daten über die Teilnehmer

Die folgenden Umfragedaten wurden mit dem Programm „Microsoft Excel" aufbereitet und in entsprechenden Diagrammen dargestellt.

Von allen ausgefüllten Fragebogen wurden insgesamt 40 zur Auswertung herangezogen. Die Auswahl erfolgte per Zufallsprinzip. Lediglich das Kriterium „Eltern" oder „kinderlos" wurde berücksichtigt um 2 gleich große Gruppen mit jeweils 20 Personen zu bekommen.

Die Ausgewählte Stichprobe setzt sich zu 60% aus weiblichen Teilnehmern und zu 40% aus männlichen Teilnehmern zusammen. Daran ist zu erkennen, dass Männer und Frauen zu fast gleichen Teilen an der Umfrage teilgenommen haben. Die Anzahl der weiblichen Teilnehmer ist „nur" um 10% höher.

Der Altersdurchschnitt (bzw. der arithmetische Mittel) der Teilnehmer beträgt 27,47 Jahre, wobei der jüngste Teilnehmer 19 Jahre und der älteste Teilnehmer 54 Jahre alt ist. Daraus ergibt sich eine Altersspannweite von 35 Jahren. Zusätzlich wurde für die Stichprobe von 40 Teilnehmern folgende Daten ermittelt:

Median: 24 Jahre

Modalwert: 24 Jahre

Varianz: 75,85

Standardabweichung: 8,71

Der Altersdurchschnitt der gesamten 55 Teilnehmer betrug 28,14 Jahre, wobei der jüngste 18 und der älteste Teilnehmer 54 Jahre alt war.

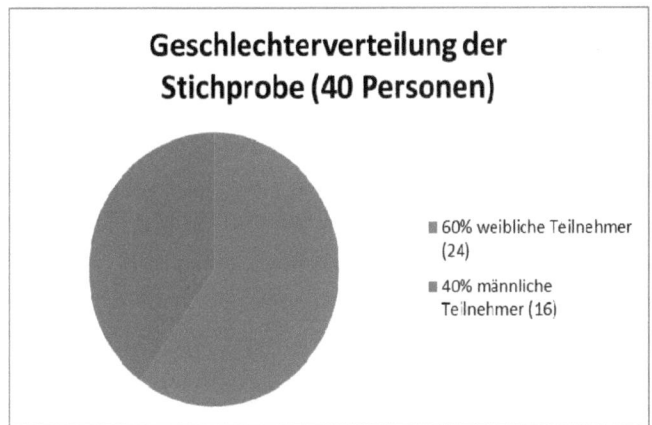

Abbildung 1 Geschlechterverteilung der Stichprobe (eigene Darstellung)

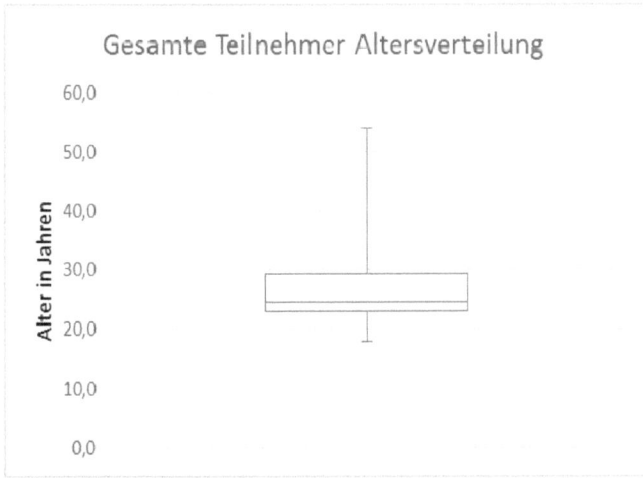

Abbildung 2 Altersverteilung aller Teilnehmer (eigene Darstellung)

3.2. Auswertung der vier Kriterien zur Einstellung

Die ausgewerteten Daten der beiden Gruppen wurden zur einfacheren Übersicht in den Abbildungen 3. und 5. dargestellt. Die vier Einstellungen, deren Ausprägung mit Hilfe der Items untersucht wurden, sind zur besseren Zuordnung den u.g. Farben zugeordnet.

Rot   =   Verantwortungsbewusstsein

Gelb   =   Zukunftsangst

Grün   =   Zufriedenheit mit der privaten Lebenssituation

Blau   =   Hygienebwusstsein

In der Gruppe der „**kinderlosen Menschen**", beträgt der höchste Mittelwert 4,04 im Einstellungsmerkmal „Zufriedenheit mit der privaten Lebenssituation". Der niedrigste Mittelwert bei 2,63 „Zukunftsangst". Betrachtet man die Standartabweichungen in der Gruppe, so ist auch hier das Merkmal „Zufriedenheit mit der privaten Lebenssituation" mit 0,65 der höchste Wert und „Verantwortungsbewusstsein" mit 0,41 der niedrigste. Da der Fragebogen auf einer fünfstufigen Likert-Skala basiert, können wir bei einer Standartabweichung von 0,65 grade noch von einem mittleren Wert sprechen. Der Wert liegt knapp über einer halben Einheit (0,5) aber noch unter einer ganzen Einheit (1) auf der Skala. Für die Werte der Merkmale „Zukunftsangst" mit 0,63 und „Hygienebewusstsein" 0,58 kann man ebenfalls noch von mittleren Werten sprechen. Damit sind relativ gut repräsentative Mittelwerte für die genannten Merkmale ermittelt worden. Beim „Verantwortungsbewusstsein" liegt die Standardabweichung des Mittelwerts sogar unter einer halben Einheit bei 0,41. Hier kann man also von einem sehr repräsentativen Wert sprechen. In dieser Gruppe ist das Merkmal „Verantwortungsbewusstsein" damit das repräsentativste.

Kinderlose	Alter			
Mittelwert	23,2	3,87	2,63	4,04	3,83
Median	23	3,80	2,50	4,20	3,80
Modalwert	24	3,40	2,20	4,60	3,60
Standardabweichung	2,6	0,41	0,63	0,65	0,58
Varianz	7,12	0,18	0,42	0,44	0,35
Range	11	1,20	2,20	2,20	2,40
Min	19	3,40	1,80	2,60	2,40
Max	30	4,60	4,00	4,80	4,80
Q1	22,25	3,45	2,2	3,65	3,4
Q3	24	4,2	3	4,55	4,15

Abbildung 3 Messwerte der Gruppe „kinderlose Menschen" (eigene Darstellung)

Bei der Gruppe der „**Eltern**" liegt der höchste Mittelwert ebenfalls bei „Zufriedenheit mit der privaten Lebenssituation". Mit einem Wert von 4,12 etwas über dem der Gruppe „kinderlose". Auch der niedrigste Mittelwert wurde bei dem Merkmal „Zukunftsangst" (mit 2,40) gemessen wie auch in der Gruppe der Kinderlosen. Die Standartabweichung fallen bei dieser Gruppe etwas größer aus. Der höchste Wert liegt bei 0,73 und dem Merkmal „Zukunftsangst" und der niedrigste bei 0,38 bei „Zufriedenheit mit der privaten Lebenssituation".

Da die Standardabweichung in den genannten Merkmalen dennoch unter einer Einheit (1) liegt kann man noch von einer relativ guten Repräsentanz sprechen, wenn auch nicht ganz so repräsentativ wie in der Gruppe der Kinderlosen. Die Standardabweichung 0,38 des Merkmals „Zufriedenheit mit der privaten Lebenssituation" dagegen liegt deutlich unter einer halben Einheit von 0,5 weshalb man von einer sehr guten Repräsentanz sprechen kann.

Eltern	Alter				
Mittelwert	31,75	3,98	2,40	4,12	3,66
Median	26,5	4,10	2,40	4,20	3,80
Modalwert	24	4,20	3,20	4,20	4,20
Standardabweichung	10,23	0,52	0,73	0,38	0,68
Varianz	110,1	0,28	0,57	0,15	0,49
Range	33	1,60	2,60	1,60	2,20
Min	21	3,20	1,00	3,40	2,40
Max	54	4,80	3,60	5,00	4,60
Q1	24	3,4	1,9	4	3,15
Q3	41	4,25	3,05	4,25	4,2

Abbildung 4 Messwerte der Gruppe „Eltern" (eigene Darstellung)

4.2.1. Grafische Darstellung als Boxplotdiagramm

Beschreibung der Diagramme

Zu Veranschaulichung wurden die in den Abbildungen 3 und 4 genannten Werte in einem Boxplotdiagramm dargestellt. Für jede Gruppe wurde entsprechend der Daten ein Diagramm erstellt. Abbildung 5 für die Gruppe „Kinderlose Menschen" Abbildung 6 für die Gruppe „Eltern". Auf den Y-Achsen werden jeweils die Merkmalsausprägungen dargestellt. Dabei sind die Zahlen 1-5 an folgende Antwortmöglichkeiten aus dem Fragebogen gekoppelt:

1	=	trifft überhaupt nicht zu
2	=	trifft eher nicht zu
3	=	teils/teils
4	=	trifft eher zu
5	=	trifft voll und ganz zu

Die X-Achse hingegen stellt die vier untersuchten Einstellungen dar: Verantwortungsbewusstsein, Zukunftsangst, Zufriedenheit mit der privaten Lebenssituation, Hygienebewusstsein. Jede der vier „Boxen" ist entsprechend den Farben in 3.2. zugeordnet.

Jedem Merkmal ist eine sog. „Box" zugeordnet. Die Größe bzw. Länge der Boxen, zeigen die Größe der Streuung an. D.h. je kleiner die Box, desto dichter liegen die Werte aus dem Fragebogen zusammen. Diese Größe setzt sich aus der sog. Quartil 1 und 3 (Q1 und Q3 in der Tabelle) zusammen, deren Werte den oberen und unteren Rand der Box darstellen. Diese Reichweite von Q1 zu Q3 wird Interquartilabstand genannt. Der waagerechte Strich innerhalb der Box (welcher sie auch farblich teilt) wird „Median" oder Quartil 2 genannt. An ihm wird die Verteilung gemessen. Die senkrechten Striche außerhalb der Boxen werden „Whisker" genannt, die als Ausreißer betrachtet werden.

Auswertung der Daten

Betrachtet man die vier Boxen im Diagramm der Gruppe „**kinderlose Menschen**", erkennt man, dass die Box des Merkmals „Zufriedenheit der privaten Lebenszufriedenheit" am größten ist. Das lässt sich auf den Interquartilabstand zurückführen, welcher bei diesem

Einstellungsmerkmal am größten ist. Also liegt hier die Größte Streuung vor. Den Werten nach liegt bei der Box „Zukunftsängste" die zweitgrößte Streuung vor gefolgt von den Boxen „Verantwortungsbewusstsein" und „Hygienebewusstsein". Zu beachten ist, dass der Median bei den Boxen „Zukunftsangst" und „Zufriedenheit mit der privaten Lebenssituation" nicht mittig in der Box liegt. Demnach liegt bei diesen Merkmalen eine schiefe Verteilung vor. In beiden anderen Boxen dieser Gruppe liegt der Median relativ Mittig, weshalb man von einer symmetrischen Verteilung ausgehen kann.

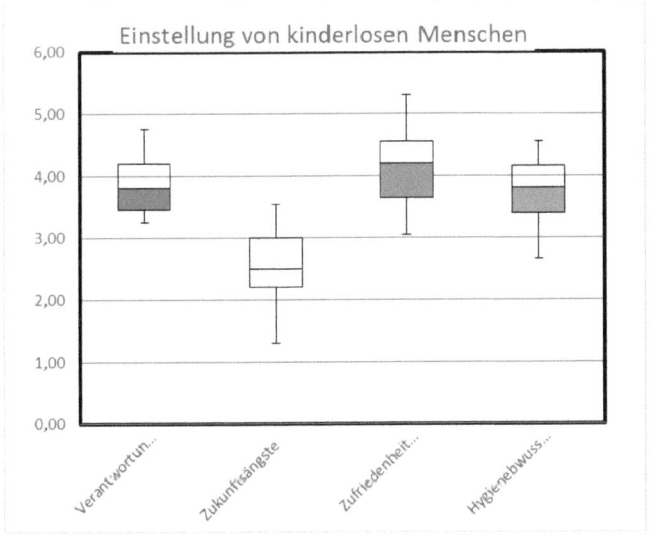

Abbildung 5 Boxplotdiagramm Einstellung von Kinderlosen Menschen (eigene Darstellung)

Bei der Gruppe der „**Eltern**" hingegen ist die Box des Merkmals „Zukunftsängste" die mit dem größten Interquartilabstand und somit auch der größten Streuung. Die Box „Hygienebewusstsein" weißt eine ähnlich große Streuung auf. Die Box „Zufriedenheit mit der privaten Lebenssituation" hingegen ist sehr klein und weist eine sehr geringe Streuung auf. Bei allen vier Boxen dieser Gruppe ist der Median nicht in der Mitte der jeweiligen Box, weshalb bei allen Einstellungsmerkmalen eine schiefe bzw. ungleichmäßige Verteilung der Werte vorliegt.

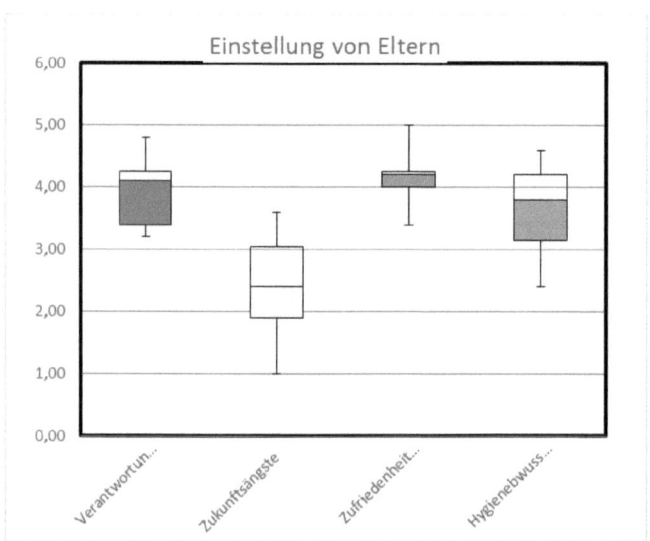

Abbildung 6 Boxplotdiagramm Einstellung von Eltern (eigene Darstellung)

4.3. Hypothesen

4.3.1. Unterschiedshypothesen

Um einen Unterschied in der Einstellung der Gruppen bestätigen zu können, muss die Alternativhypothese bestätigt werden und die Nullhypothese verworfen werden. Dazu werden die Mittelwerte beider Gruppen auf ihre Unterschiede hin verglichen. Ist dieser Unterschied größer als die Standardabweichung, gilt die Alternativhypothese als bestätigt, da die Nullhypothese verworfen wird.

Folgende Mittelwertunterschiede wurden ermittelt:

	Mittelwerte		Unterschied	Standardabweichung	
Verantworungsbewusstsein	3,98	3,87	**0,11**	0,52	0,41
Zukunftsangst	2,40	2,63	**0,23**	0,73	0,63
Zufriedenheit mit der privaten Lebensituation	4,12	4,04	**0,08**	0,38	0,65
Hygienebwusstsein	3,66	3,83	**0,17**	0,68	0,58

16

Da die ermittelten Mittelwertunterschiede alle innerhalb der jeweiligen Standardabweichung liegen, ist die Nullhypothesen (H0 1-4) bestätigt. Die Alternativhypothesen (H1 1-4) werden verworfen. Es gilt also:

1. Es gibt keinen Unterschied zwischen Eltern und kinderlosen Menschen im Bezug auf deren Einstellung zu Verantwortungsbewusstsein.
2. Es gibt keinen Unterschied zwischen Eltern und kinderlosen Menschen im Bezug auf die Zufriedenheit mit der privaten Lebenssituation.
3. Es gibt keinen Unterschied zwischen Eltern und kinderlosen Menschen im Bezug auf Zukunftsängste.
4. Es gibt keinen Unterschied zwischen Eltern und kinderlosen Menschen im Bezug auf Hygienebewusstsein.

4.3.2. Zusammenhangshypothesen

Zusammenhang zwischen Geschlecht und Gruppenzugehörigkeit

Der eventuelle Zusammenhang zwischen Gruppenzugehörigkeit und Geschlecht wird mit Hilfe des Anpassungstest (oder Chi-Quadrats-Tests) berechnet. Je größter der berechnete Wert, desto größer ist der Zusammenhang zwischen Geschlecht und Gruppenzugehörigkeit. Liegt der Wert bei 0 liegt kein Zusammenhang vor und die Nullhypothese ist bestätigt.

Im Falle dieser Überprüfung gehen wir von einen Signifikanzniveau von 5% aus. Dies ist der übliche Wert und bedeutet die beim Testen relevante Fläche beträgt 0,95. Da es nur zwei Variablen gibt „männlich" und „weiblich" ist der Freiheitsgrad 1. Anhand dieser Daten können wir den kritischen Wert aus der Tabelle der Chi2 Verteilung ablesen. Der kritische Wert beträgt 3,841, der empirische Wert 0. Demnach kann die Alternativhypothese verworfen werden. Es gibt keinen Zusammenhang zwischen dem Geschlecht und der Gruppenzugehörigkeit. Verdeutlicht wird diese Hypothese auch noch in Abbildung 7 aus der hervorgeht, dass beide Gruppen eine identische Verteilung von Geschlechtern haben. Es gilt also die Hypothese H0 als bestätigt:

Es gibt keinen Zusammenhang zwischen Gruppenzugehörigkeit und Geschlecht.

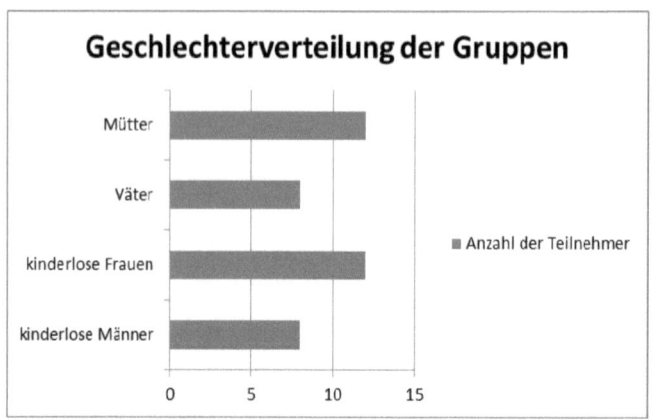

Abbildung 7 Geschlechterverteilung beider Gruppen (eigene Darstellung)

Zusammenhang zwischen Alter und Gruppenzugehörigkeit

Den eventuellen Zusammenhang zwischen Alter und Gruppenzugehörigkeit wird mit Spearman's Rho berechnet. Bei der Interpretation des Wertes gilt ein Bereich von -1 bis 1. Dabei spricht man bei einem Wert von -1 von einer negativen Korrelation. Bei einem Wert von 1 von einer positiven Korrelation und bei einem Wert von 0 von gar keiner Korrelation. Eine positive Korrelation würde in unserem Fall bedeuten, dass mit steigendem Alter die Wahrscheinlichkeit zur Gruppe „Eltern" zu gehören größer ist. Bei der Berechnung von Spearman's Rho wurde ein Wert von .07 ermittelt. Da dieser Wert nur sehr knapp über 0 liegt, kann man nur von einem sehr geringen Zusammenhang zwischen dem Alter und der Gruppenzugehörigkeit sprechen. Weil der Wert .07 aber dennoch über 0 liegt kann man von einer positiven Tendenz sprechen.

Da es in diesem Fall einen Zusammenhang gibt, wenn auch nur einen sehr geringen, wird die Nullhypothese verworfen und es gilt die Alternativhypothese als bestätigt.

Es gibt einen Zusammenhang zwischen dem Alter und der Gruppenzugehörigkeit.

Das bedeutet, je älter der Teilnehmer, desto größer ist die Wahrscheinlichkeit, dass die Person Kinder hat. In Abbildung 8 ist ebenfalls zu erkennen, dass die Box der Gruppe „Eltern" deutlich größer ist, also eine wesentlich größere Streuung im Bezug auf das Alter aufweist, als die der Gruppe der „kinderlosen Menschen".

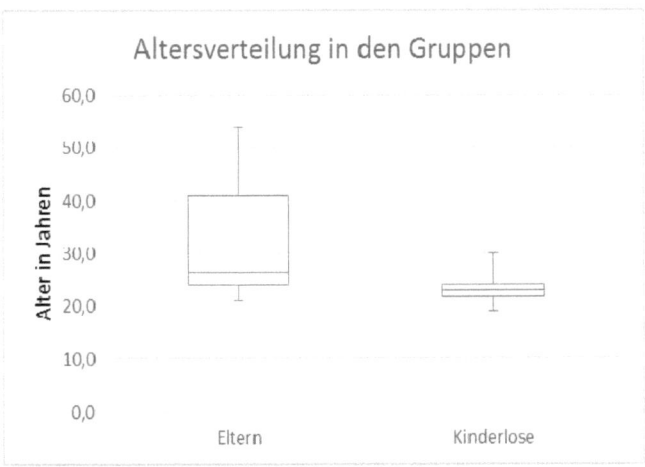

Abbildung 8 Altersverteilung beider Gruppen (eigene Darstellung)

5. Diskussion der Ergebnisse

Die Untersuchung der vorliegenden Werte zeigt, dass es nur einen sehr geringen Unterschied zwischen der Einstellung von Eltern und kinderlosen Menschen gibt. Die Mittelwertunterschiede sind sehr gering und wenn beide Boxplotdiagramme betrachtet werden, fällt sofort das gleiche Verteilungsmuster der Boxen auf.

Auffällig ist hingegen die Streuung um die Mittelwerte bei der Gruppe der Eltern. Hier weist die Einstellung „Zukunftsängste" eine recht große Streuung auf, was darauf schließen lässt, dass es in der Gruppe verschiedenere Einstellungen zu diesem Merkmal gibt als in der anderen Gruppe. Ein Erklärungsansatz wäre die Altersverteilung in der Gruppe der Eltern. Im Gegensatz zu der anderen Gruppe, sind in dieser bereits 9 Personen über 30 Jahre alt und haben ein Kind. Sie haben also schon einen großen Schritt in ihrem Leben hinter sich, was die Zukunftsangst verringern könnte. Die andere Gruppe hat den Schritt „Eltern werden" noch vor sich, was die Zukunftsangst höher einstuft.

Interessant ist auch der Unterschied in der Einstellung „Zufriedenheit mit der privaten Lebenssituation". Die Mittelwerte beider Gruppen weisen kaum einen Unterschied auf, jedoch ist die Streuung bei der Gruppe der Eltern deutlich geringer. Daraus ließe sich

Schlussfolgern, dass beide Gruppen zwar ähnlich zufrieden sind, es in der Gruppe der kinderlosen jedoch verschiedenere (größere Streuung) Meinungen dazu gibt. Demnach ließe sich ableiten, dass die Zufriedenheit bei Eltern fokussierter ist und nicht (mehr) so viele Ausprägungen hat wie bei den kinderlosen Menschen. Der Soziologe Dr. Matthias Pollmann-Schult weist in Seiner *„Studie Elternschaft und Lebenszufriedenheit in Deutschland"* außerdem auf den positiven Zusammenhang zwischen Elternschaft und Lebenszufriedenheit hin.

Die Einstellungen „Verantwortungsbewusstsein" und „Hygienebewusstsein" sind bei beiden Gruppen ebenfalls sehr ähnlich. Lediglich bei den Eltern gibt es im Hinblick auf das Hygienebewusstsein eine größere Streuung. Die Identische Verteilung könnte auf die Art der Einstellungsmerkmale zurückzuführen sein. Im Gegensatz zu Zufriedenheit oder Zukunftsangst, sind Verantwortungs- und Hygienebewusstsein Einstellungen die nicht so stark von äußeren Umständen abhängig sind, sondern im Laufe des Erwachsenwerdens entwickelt wurden. So ändert sich zum Beispiel die Zufriedenheit mit der privaten Lebenssituation sobald unser Leben durch einen äußeren Einfluss verändert wird (wie z.B. ein Kind). Ein stark ausgeprägtes Verantwortungsbewusstsein wird hingegen nur weniger Stark von solchen Einflüssen verändert.

Das Ergebnis dieser Forschungsarbeit kann allerding nur im Rahmen der Aufgabenstellung als aussagekräftig betrachtet werden. Die vorgegebene Teilnehmerzahl von max. 40 ausgewerteten Personen, stell eine zu kleine Stichprobe dar, um das Ergebnis zuverlässig auf eine größere Population beziehen zu können. Des Weiteren konnten die Items nicht auf wissenschaftliche Validität und Reliabilität geprüft werden, da das den Rahmen der Aufgabenstellung gesprengt hätte.

Dennoch könnten die Untersuchten Merkmale besonders für Personalabteilungen oder Verhaltensforscher von Interesse sein und zu einer tiefgreifenderen Forschung anregen. Besonders wenn dabei die im letzten Abschnitt angemerkten Kritiken berücksichtigt werden und eine größere Stichprobe als Grundlage dient.

6. Quellen

Augoustinos, Walker, Donaghue (2006) *Social Cognition: An Introduction (3. Auflage).* New York: Sage Publication Ltd.

Myers, D. G. (2008) *Psychologie* (2. Ausgabe) Heidelberg: Springer Verlag

Pollmann-Schult (2013) *Studie: Elternschaft und Lebenszufriedenheit in Deutschland,* Wiesbaden: Federal Institute for Population Research
http://www.comparativepopulationstudies.de/index.php/CPoS/article/view/67/121

Festinger,(2012 Übersetzung von Irle & Mönteman) Theorie der Kognitiven Dissonanz, Göttingen: Hogrefe Verlag (ehm. Hans Huber)

Zimbardo, (2008 Deutsche Übersetzung von Petersen) *Der Luzifer-Effekt: Die Macht der Umstände und die Psychologie des Bösen*